Athanasios A. Panagiotopoulos
Evangelia Konstantinou

Exercícios laboratoriais de Química Inorgânica Geral II

Athanasios A. Panagiotopoulos
Evangelia Konstantinou

Exercícios laboratoriais de Química Inorgânica Geral II

ScienciaScripts

Imprint
Any brand names and product names mentioned in this book are subject to trademark, brand or patent protection and are trademarks or registered trademarks of their respective holders. The use of brand names, product names, common names, trade names, product descriptions etc. even without a particular marking in this work is in no way to be construed to mean that such names may be regarded as unrestricted in respect of trademark and brand protection legislation and could thus be used by anyone.

Cover image: www.ingimage.com

This book is a translation from the original published under ISBN 978-620-7-64767-5.

Publisher:
Sciencia Scripts
is a trademark of
Dodo Books Indian Ocean Ltd. and OmniScriptum S.R.L publishing group

120 High Road, East Finchley, London, N2 9ED, United Kingdom
Str. Armeneasca 28/1, office 1, Chisinau MD-2012, Republic of Moldova, Europe
Printed at: see last page
ISBN: 978-620-7-67292-9

ATHANASIOS A. PANAGIOTOPOULOS

EVANGELIA K. KONSTANTINOU

EXERCÍCIOS DE LABORATÓRIO DE QUÍMICA INORGÂNICA GERAL II

2024

Nas nossas famílias

(que nos apoiam e tornam fáceis as coisas difíceis)

e aos nossos amigos

(pelos momentos maravilhosos que nos proporcionam)

ÍNDICE

PRÓLOGO

Ensinar e aprender química é um grande desafio. Especialmente no laboratório, exige um grande esforço tanto do professor como do aluno. A magia de aprender química em relação a qualquer outra ciência reside no facto de poder ser aprendida através da observação. A química é a combinação perfeita de teoria e experiência, observação e interpretação, e está no centro das ciências positivas.

O nosso objetivo ao escrever o guia de laboratório de química geral e inorgânica é apresentar uma série de experiências de química que sejam representativas de uma gama bastante ampla do campo da ciência química. Através das experiências, os alunos são expostos aos princípios básicos da química. As experiências são concebidas de modo a que seja efectuado um estudo multifacetado para interpretar cada experiência através de uma pesquisa bibliográfica. Desta forma, os alunos de cada área podem analisar e aprofundar os seus conhecimentos na perspetiva do seu interesse.

Este guia de laboratório inclui 2 módulos experimentais diferentes e mais de 10 exercícios de laboratório diferentes. Foi concebido para ser completado durante um semestre académico. Cada capítulo e secção inclui uma introdução ao tema em estudo, uma teoria detalhada e o aprofundamento dos princípios e métodos utilizados para realizar a respectiva experiência, bem como uma apresentação do tema de uma forma mais geral, dando a possibilidade de pesquisa e investigação adicionais. A parte experimental é escrita para ajudar professores e alunos com uma descrição pormenorizada do procedimento experimental. Os procedimentos experimentais são verificados quanto à sua correção por professores de química, tanto na Grécia como no estrangeiro, e são referidos em publicações de revistas e livros de química de prestígio internacional.

Após a realização de cada exercício laboratorial, os alunos são convidados a descrever o procedimento experimental que seguiram, as suas observações e todos os pormenores que os ajudarão a compreender a essência da experiência. As questões concebidas para cada experiência, pretendem a continuação da experiência para além dos limites do laboratório, pretendem a pesquisa bibliográfica e a investigação, através da qual compreenderão plenamente todos os pormenores da experiência que realizaram. As fontes bibliográficas apresentadas no final de cada capítulo também ajudam neste sentido.

O guia de laboratório de química orgânica foi redigido em circunstâncias muito difíceis. Foi feito um enorme esforço para eliminar erros e omissões. Cada livro deve ser melhorado e seguir o curso do desenvolvimento da ciência que promove. É por isso que teremos todo o gosto em receber comentários e possíveis correcções.

Concluindo este prefácio, vale a pena registar a opinião de Aristóteles sobre a experiência e o seu valor... *<<Dos muitos conceitos de experiência, um em absoluto diz respeito a percepções semelhantes... que a experiência de cada um é conhecimento, e a arte de nenhum>>*.

Os autores,

Athanasios A. Panagiotopoulos
Evangelia K. Konstantinou

Agradecimentos

Escrever um livro é uma tarefa difícil, é simultaneamente um grande desafio e uma responsabilidade. Requer tempo, esforço, dedicação.

Por esta razão, agradecemos às nossas famílias pelo seu apoio inabalável, porque conseguiram estar presentes e tornar tudo mais fácil. Agradecemos à família de Athanasios (Antonis, Eleni e Victoria) e de Evangelia (Konstantinos, Chryssi, Maria e Dimitris) que estão ao nosso lado em todos os momentos.

Agradecemos aos nossos excelentes professores e mestres, ao longo de todos estes anos, que nos deram todas essas provisões espirituais, a sede de busca, a teimosia de não desistir.

Agradecemos aos nossos amigos por todos os momentos que nos proporcionaram e acompanham. Momentos que valeriam a pena escrever livros inteiros.

Dedicamos o nosso livro a todos eles. A todos vós que não desistem quando é difícil. Onde ficam para lutar pelos vossos sonhos. Não me digas. Onde lutam pela justiça. Onde dão a vossa alma pela justiça. A todos os cientistas que vêem a sua ciência como uma arte e um dever indivisível para com os nossos semelhantes e não como uma profissão.

Regras de segurança

Regras de segurança:

> As regras básicas de segurança num laboratório de química são as seguintes:

1. Usar um avental de proteção no laboratório. Deve usar vestuário que cubra todo o corpo por cima do avental. É proibido o uso de roupa curta e sapatos abertos. Os cabelos compridos devem ser atados para trás, pois podem incendiar-se, ficar presos em aparelhos eléctricos e entrar em contacto com vários produtos químicos.

2. São necessários óculos de proteção durante as experiências. Os óculos de proteção devem ser usados por todas as pessoas no laboratório, mesmo durante curtos períodos de tempo.

3. Não comer ou beber no laboratório.

4. Todos os seus objectos pessoais devem ser guardados em cacifos especiais fora do laboratório.

5. É estritamente proibida a entrada nas áreas de laboratório sem autorização do seu orientador académico.

6. É proibido fumar e utilizar telemóveis no laboratório e nos corredores.

7. Para reduzir a possibilidade de acidentes laboratoriais, as saídas do laboratório não devem ser bloqueadas, assim como devem ser evitadas deslocações desnecessárias do local de trabalho.

8. Todos devem tratar o seu trabalho de forma séria e responsável.

9. As saídas do laboratório devem ser facilmente acessíveis e estar sempre em boas condições.

10. É proibido sair do laboratório com luvas ou aventais.

11. Os laboratórios e o edifício em que estão instalados devem estar equipados com sistemas de deteção de incêndios, alarmes e sistemas automáticos de extinção de incêndios.

12. Em caso de acidente, o pessoal do laboratório deve ser imediatamente avisado para prestar os primeiros socorros.

13. Deve existir uma farmácia móvel no laboratório e a sua localização deve ser visível para todos.

14. É proibido tratar voluntariamente de acidentes sem a ordem do instrutor responsável.

15. É proibido tentar efetuar vários procedimentos laboratoriais, exceto se o professor responsável tiver sido informado.

16. É proibida a realização de experiências sem um conhecimento completo dos riscos e dos pormenores da experiência. Os alunos devem preparar teoricamente as suas experiências antes de entrarem no laboratório.

17. É estritamente proibida a adulteração de protocolos e instruções experimentais.

18. Antes de efectuarem experiências, os alunos devem ser devidamente informados dos perigos de todos os reagentes utilizados. Todos os reagentes químicos utilizados têm um sinal de perigo (http://hazard.com).

19. É estritamente proibida a transferência de instrumentos, produtos químicos e equipamentos para fora do laboratório.

20. Todas as experiências devem ser efectuadas num exaustor.

21. Apenas os materiais necessários para efetuar os procedimentos experimentais devem estar presentes na hotte. Cadernos e livros só são permitidos fora da chaminé.

22. A zona de trabalho deve ser cuidadosamente limpa antes e depois de cada experiência.

23. O chão do laboratório deve ser mantido sempre limpo e seco. Se forem derramados reagentes químicos no chão, deve contactar imediatamente o pessoal do laboratório.

24. É proibido aquecer solventes inflamáveis e sistemas fechados com uma chama aberta.

25. A utilização de ácidos e bases deve ser objeto de cuidados especiais. Se o ácido ou a base entrar em contacto com as mãos ou os olhos, lavar abundantemente com água. Avisamos sempre o responsável pelo laboratório.

26. Deve ser dada especial atenção à gestão dos resíduos. Os laboratórios devem dispor de contentores de recolha para resíduos aquosos, orgânicos e orgânicos clorados. Não deitar produtos químicos no lava-loiça.

27. Os laboratórios devem ter caixotes do lixo especiais para objectos partidos e afiados.

28. No final de cada dia de laboratório, cada equipa de laboratório deve limpar e devolver o equipamento usado ao local onde o recebeu.

29. As áreas comuns são limpas por uma equipa de limpeza especial.

30. A maioria dos acidentes é causada por descuido ou negligência, pelo que deves ter cuidado com todos os teus movimentos durante a experiência.

Primeiros socorros:

Os conselhos básicos para os primeiros socorros no laboratório são os seguintes

1. A água nem sempre é o melhor agente extintor quando deflagra um incêndio num laboratório. Em qualquer caso, todos os materiais inflamáveis devem ser removidos, a energia deve ser desligada e a fonte do fogo deve ser coberta com um pano húmido ou areia. Além disso, na maioria dos casos, é necessária a utilização de um extintor de incêndio adequado.

2. Em caso de choque elétrico, desligue imediatamente a alimentação.

3. Em caso de acidente com um ácido ou uma base, lavar as zonas afectadas com água abundante. Consulto sempre o responsável pelo laboratório.

4. Em caso de fuga de produtos químicos no exaustor, o exaustor é selado com vidro e o professor responsável é informado.

5. No caso, mesmo que suspeite que o ácido fluorídrico caiu sobre si, informe imediatamente o professor responsável. Não te mexas muito porque este ácido é tão tóxico e perigoso que penetra muito rapidamente nos tecidos. Enxaguar a superfície da pele com água abundante durante mais de 15 minutos.

6. Deve ser dada especial atenção aos compostos orgânicos. A maior parte dos reagentes orgânicos são venenosos e perigosos. Se entrar em contacto direto com eles, informe o responsável do laboratório.

7. Em caso de inalação de vapores tóxicos, as pessoas devem ser retiradas para um local aberto. Pode ser administrada uma ligeira dose de amoníaco se estes vapores forem considerados ácidos.

8. No caso de uma grande quantidade de ácido cair sobre uma pessoa, esta é retirada com muito cuidado e rapidamente do laboratório, sob os chuveiros especiais que existem. Deitar fora toda a água para evitar queimaduras irreparáveis.

9. Para queimaduras, aplicar ácido pícrico ou solução de etanol. Em seguida, utilizar uma pomada e fixar o local.

10. Se ocorrer um acidente com óculos partidos, lave a ferida com água, etanol e oxigénio diluído. Utilizar gaze e uma ligadura.

11. Sempre em caso de acidente, mantemos a calma e avisamos o responsável pelo laboratório.

Medidas de segurança adicionais :

Para reduzir as probabilidades de acidentes no laboratório, é necessário adotar as seguintes medidas de segurança:

1. O local de trabalho deve estar sempre limpo e organizado.

2. Não tocar em pipetas que não se saiba terem sido utilizadas.

3. É proibida a utilização de luvas usadas.

4. No caso de experiências com compostos altamente tóxicos, é necessária a utilização de luvas de proteção duplas.

5. Não alterar as posições dos reagentes.

6. É estritamente proibido utilizar sifões com doseadores defeituosos.

7. É estritamente proibido sifonar produtos químicos com a boca.

8. Utilizar sempre as quantidades necessárias de reagentes e não mais do que isso. As experiências são concebidas e testadas em termos de segurança.

9. Não introduzir pipetas ou pipetas nos frascos de reagentes.

10. Não devolver os restos de produtos químicos aos respectivos frascos. Informar o professor responsável.

11. A inalação, a ingestão e qualquer tipo de controlo organolético dos produtos químicos são estritamente proibidos.

12. Os frascos de reagentes devem ser tapados quando não estão a ser utilizados.

13. É proibida a utilização de aparelhos eléctricos defeituosos.

14. Nos casos em que é utilizada argamassa, esta deve ser coberta.

15. Não apontar os bicos dos tubos de ensaio para si ou para as pessoas à sua volta.

16. Não deitar compostos e soluções no lava-loiça.

17. Não utilizar objectos de vidro partidos.

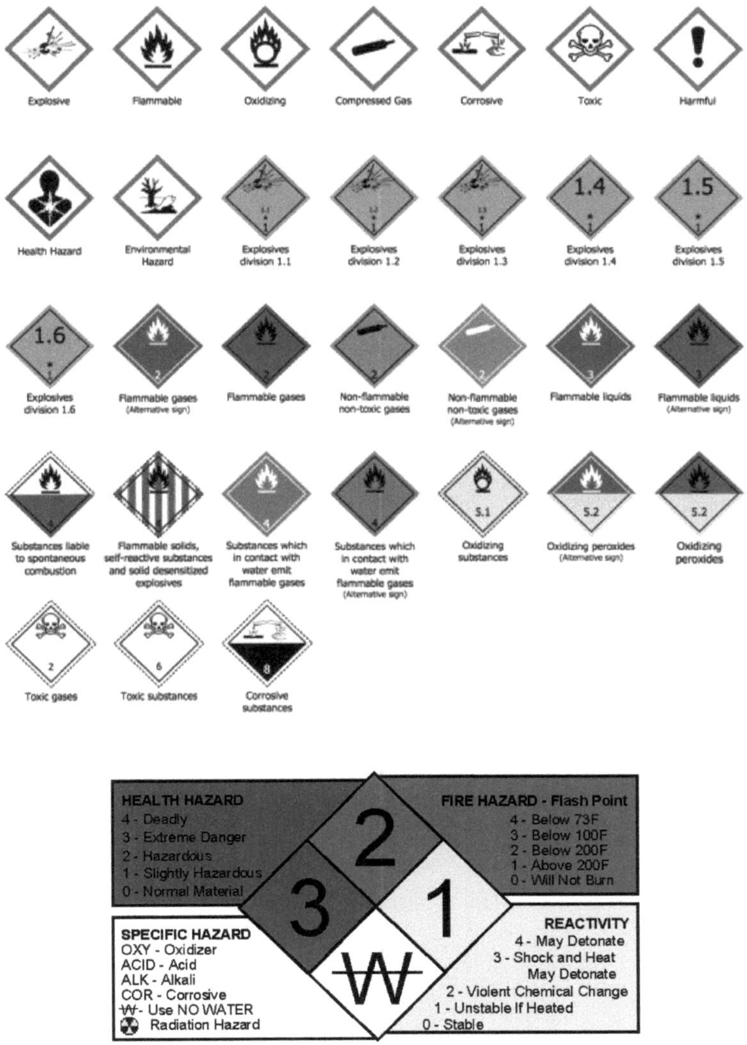

Figura-1: Alguns dos símbolos de perigo mais básicos dos reagentes químicos.

1

Chemical equilibrium

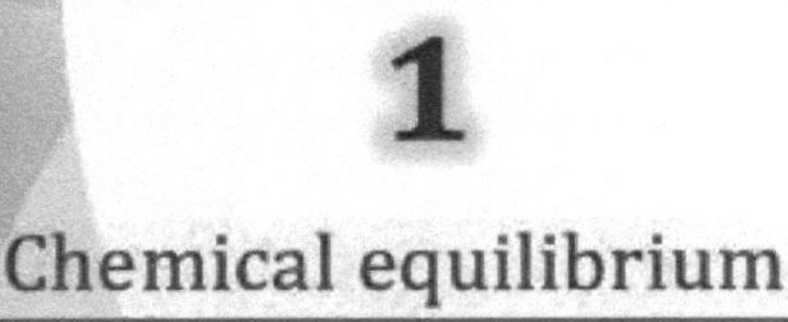

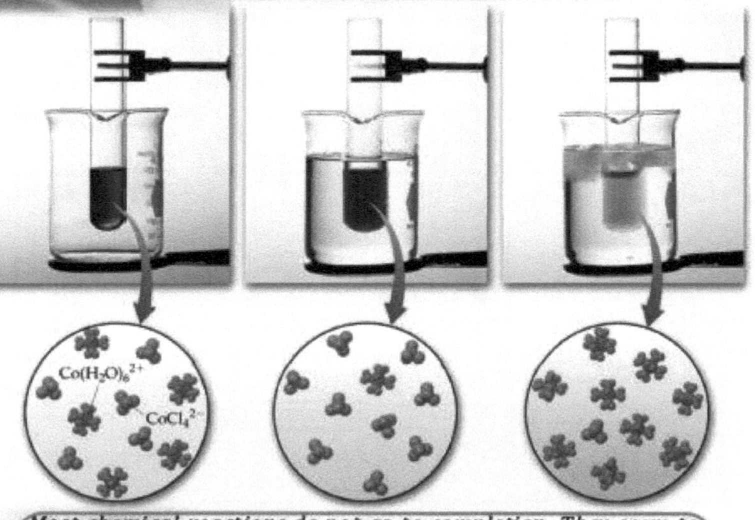

Most chemical reactions do not go to completion. They seem to stop. In these cases the reaction also takes place in the opposite direction and thus the system ends up, under appropriate conditions, in a dynamic equilibrium, known as chemical equilibrium.

1. *Introdução*

Nas reacções químicas, o equilíbrio químico é um estado em que tanto os reagentes como os produtos se encontram em concentrações que não tendem a variar ao longo do tempo e não se observa qualquer alteração nas propriedades do sistema. Esta situação ocorre quando a reação direta progride à mesma velocidade que a reação inversa. As velocidades de reação das reacções direta e inversa são geralmente iguais, embora não sejam nulas. Por conseguinte, não há alteração líquida nas concentrações de reagentes e produtos. Esta situação é designada por equilíbrio dinâmico.

O conceito de equilíbrio químico foi desenvolvido depois de Berthollet ter descoberto, em 1803, que algumas reacções químicas são reversíveis. Para que uma mistura reacional esteja em equilíbrio, as taxas das reacções de avanço e de retrocesso (inversas) devem ser iguais. Na equação química seguinte, as setas apontam em ambas as direcções, indicando equilíbrio.

$$aA + bB \rightleftharpoons cC + dD$$

A e B são as espécies reagentes, C e D são as espécies produtos, e a, b, c e d são os coeficientes estequiométricos dos respectivos reagentes e produtos.

A partir das ideias de Berthollet, Guldberg e Waage (1865) propuseram a lei da ação das massas. No entanto, a lei da ação das massas só é válida para reacções concertadas numa única fase, que conduzem a um único estado de transição, e as equações de velocidade não seguem geralmente a estequiometria de reação proposta por Guldberg e Waage. No entanto, taxas de reação iguais para a frente e para trás, embora sejam uma condição necessária para o equilíbrio químico, não são suficientes para explicar porque ocorre o equilíbrio.

Apesar das limitações, a constante de equilíbrio de uma reação é de facto uma constante e é independente das actividades das várias espécies químicas envolvidas. A adição de um catalisador afecta tanto a reação direta como a inversa da mesma forma e não afecta a constante de equilíbrio. Os catalisadores aceleram ambas as reacções e aumentam a velocidade a que o equilíbrio é atingido.

Embora a concentração de equilíbrio macroscópico seja constante com o tempo, as reacções ocorrem a nível molecular. Por exemplo, se o ácido acético ($CH_3 COOH$) se dissolver em água ($H_2 O$) para formar o anião acetato ($CH_3 COO^-$) e o oxónio ($H O_3^+$), os protões (H^+) são transferidos das moléculas de ácido acético para as moléculas de água e depois para os aniões acetato para formar outra molécula de ácido acético e o número de moléculas de ácido acético permanece inalterado. Este é um exemplo de equilíbrio dinâmico. O equilíbrio, tal como o resto da termodinâmica, é um fenómeno estatístico, uma média do comportamento microscópico.

$$CH_3 COOH + H_2 O \rightleftharpoons CH_3 COO^- + H O_3^+$$

O princípio de Le Chatelier (1884) prevê o comportamento de um sistema de equilíbrio quando as condições de reação são alteradas. Se o equilíbrio dinâmico for perturbado por uma alteração nas condições, a posição de equilíbrio desloca-se para inverter parcialmente a alteração. Por exemplo, se mais Δ for adicionado externamente (na reação química acima), haverá um excesso de produtos e o sistema tentará compensar aumentando a reação inversa e empurrando o ponto de equilíbrio para trás (mas sem alterar a constante de equilíbrio). Se um ácido inorgânico for adicionado à mistura de ácido acético e a concentração de iões oxónio for aumentada, a quantidade de dissociação deverá diminuir à medida que a reação avança para a esquerda, de acordo com este princípio. Isto pode ser deduzido da equação da constante de equilíbrio da reação:

$$K = \frac{[CH_3COO^-][H_3O^+]}{[CH_3COOH]}$$

2. Teoria

A convenção para escrever equações químicas é colocar o tipo de reagente no lado esquerdo da seta de reação e o tipo de produto no lado direito. Seguindo esta convenção e as definições de "reagente" e "produto", a equação química representa uma reação que se processa da esquerda para a direita.

As reacções reversíveis, no entanto, prosseguem tanto para a frente (da esquerda para a direita) como para trás (da direita para a esquerda). Se as velocidades das reacções para a frente e para trás forem iguais, as concentrações de reagentes e produtos são constantes com o tempo e o sistema está em equilíbrio.

As concentrações relativas de reagentes e produtos em sistemas em equilíbrio variam muito. Alguns sistemas estão em equilíbrio com maioritariamente produtos, alguns são maioritariamente reagentes e alguns contêm quantidades significativas de ambos.

A Figura-1.1 ilustra o conceito básico de equilíbrio utilizando a reação elementar descrita pela seguinte equação, na qual o óxido de azoto incolor se decompõe reversivelmente para formar dióxido de azoto castanho:

$$N\,O_{24(g)} \rightleftharpoons 2NO_{2(g)}$$

Note-se que é utilizada uma seta dupla especial para realçar a natureza reversível da reação.

Neste processo elementar, as leis de velocidade para as reacções da direita e da esquerda podem ser derivadas diretamente da estequiometria da reação:

$$Taxa_f = k_f\,[N\,O\,]_{24}$$

$$Taxa_r = k_r\,[NO\,]_2^2$$

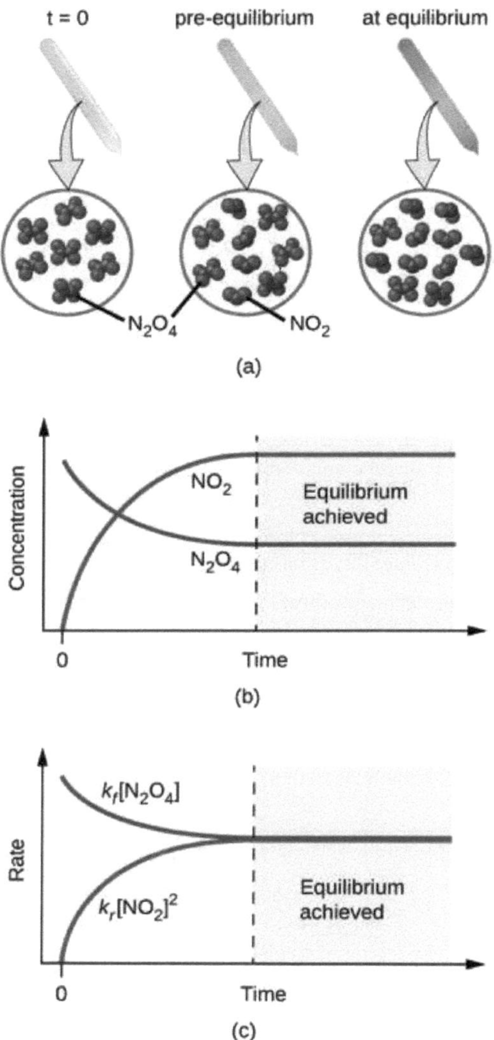

Figura-1.1: (a) Um tubo selado contendo N incolor O₂₄ escurece à medida que se decompõe para produzir NO castanho₂ . (b) A concentração varia com o tempo à medida que a reação de clivagem atinge o equilíbrio. (c) No equilíbrio, as velocidades das reacções direta e inversa são iguais.

No início da reação (t = 0), a reação direta prossegue a uma taxa finita porque a concentração do reagente N_2O_4 é finita e a concentração do produto NO_2 é zero, enquanto a taxa da reação inversa é zero. Ao longo do tempo, o N_2O_4 é consumido e a sua concentração diminui, enquanto o NO_2 é produzido e a sua concentração aumenta (**Figura-1.1.b**). A velocidade da reação de avanço abranda à medida que a concentração dos reagentes diminui e a velocidade da reação inversa aumenta à medida que a concentração dos produtos aumenta (**Figura-1.1.c**). Este processo continua até que as velocidades das reacções direta e inversa sejam iguais, altura em que a reação atinge o equilíbrio e as concentrações de reagentes e produtos são constantes (áreas sombreadas nos diagramas da **Figura-1.1.b e 1.1.c**). É importante enfatizar que o equilíbrio químico é dinâmico. As reacções em equilíbrio não "param", mas avançam e recuam à mesma velocidade. Este carácter dinâmico é necessário para compreender o comportamento de equilíbrio, que será discutido mais tarde.

As mudanças físicas, como as transições de fase, também são reversíveis e podem criar equilíbrio. Como exemplo, considere a vaporização do bromo:

$$Br_{2(l)} \rightleftharpoons Br_{2(g)}$$

Se o bromo líquido for adicionado a um recipiente vazio e o recipiente for selado, o processo descrito acima (evaporação) inicia-se e continua a uma taxa quase constante, desde que a área de superfície exposta e a temperatura do líquido permaneçam constantes. À medida que a quantidade de bromo gasoso produzido aumenta, a taxa do processo inverso (condensação) aumenta até igualar a taxa de evaporação e o equilíbrio é atingido. Uma imagem deste equilíbrio de transição de fase é mostrada na **Figura-1.2**.

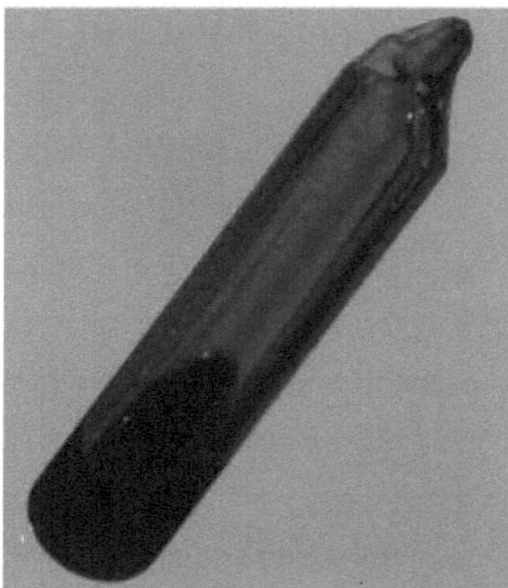

Figura-1.2: Um tubo selado contendo uma mistura de equilíbrio de bromo líquido e gás.

O estado de uma reação reversível pode ser facilmente avaliado através da avaliação do quociente de reação (Q). O quociente de reação resulta diretamente da estequiometria da equação química. O quociente de reação (Q) que descreve a reação química:

$$aA + bB \rightleftharpoons cC + dD$$

é o seguinte:

$$Q_c = \frac{[C]^c[D]^d}{[A]^a[B]^b}$$

onde c indica que a concentração molar é utilizada na equação. Se os reagentes e os produtos forem gases, o quociente de reação pode ser obtido de forma semelhante utilizando as pressões parciais:

$$Q_P = \frac{P_C{}^c P_D{}^d}{P_A{}^\alpha P_B{}^b}$$

Note-se que a equação acima para o quociente de reação é uma versão simplificada da equação mais rigorosa, que utiliza valores relativos de concentração e pressão em vez de valores absolutos. Os valores relativos da concentração e da pressão não têm dimensão (não têm unidade). Consequentemente, o mesmo se aplica ao coeficiente de reação. Basta utilizar a equação simplificada e omitir as unidades no cálculo de Q. Na maioria dos casos, os cálculos que envolvem coeficientes de reação apenas introduzem pequenos erros.

O valor de Q varia à medida que a reação progride em direção ao equilíbrio. Q é, portanto, um indicador útil do estado da reação. Para ilustrar este ponto, considere a oxidação do dióxido de enxofre:

$$2SO_{2(g)} + O_{2(g)} \rightleftharpoons 2SO_{3(g)}$$

A Figura-1.3 mostra dois cenários experimentais diferentes: um em que a reação se inicia com uma única mistura de reagentes, SO_2 e O_2, e outro em que se inicia com um único produto, SO_3. Nas reacções que se iniciam com uma única mistura de reagentes, Q é inicialmente zero:

$$Q_c = \frac{[SO_3]^2}{[SO_2]^2[O_2]} = \frac{[0]^2}{[SO_2]^2[O_2]} = 0$$

À medida que a reação avança no sentido do equilíbrio, a concentração de reagentes diminui (o denominador de Q_c também diminui), a concentração de produtos aumenta (o numerador de Q_c também aumenta) e, assim, o quociente de reação aumenta. Quando o equilíbrio é atingido, as concentrações de reagentes e produtos são constantes e o valor de Q_c também é constante.

Se a reação começar apenas com produtos presentes, o valor de Q_c é inicialmente indeterminado (incontavelmente grande ou infinito):

$$Q_c = \frac{[SO_3]^2}{[SO_2]^2[O_2]} = \frac{[SO_3]^2}{0} \rightarrow \infty$$

Neste caso, a reação prossegue no equilíbrio em sentido oposto. A concentração de produtos e o numerador de Q_c diminuem com o tempo, enquanto a concentração de reagentes e o denominador de Q_c aumentam, fazendo com que o quociente de reação diminua até se manter constante no equilíbrio.

O valor constante de Q resultante de um sistema em equilíbrio é designado por constante de equilíbrio K:

$$K = Q \text{ (em equilíbrio)}$$

A comparação dos gráficos de dados na **Figura-3.3** mostra que a constante de equilíbrio tem o mesmo valor em ambos os cenários experimentais. Esta é uma observação geral para todos os sistemas em equilíbrio, conhecida como a lei da ação das massas: a uma dada temperatura, o quociente de reação de um sistema em equilíbrio é constante.

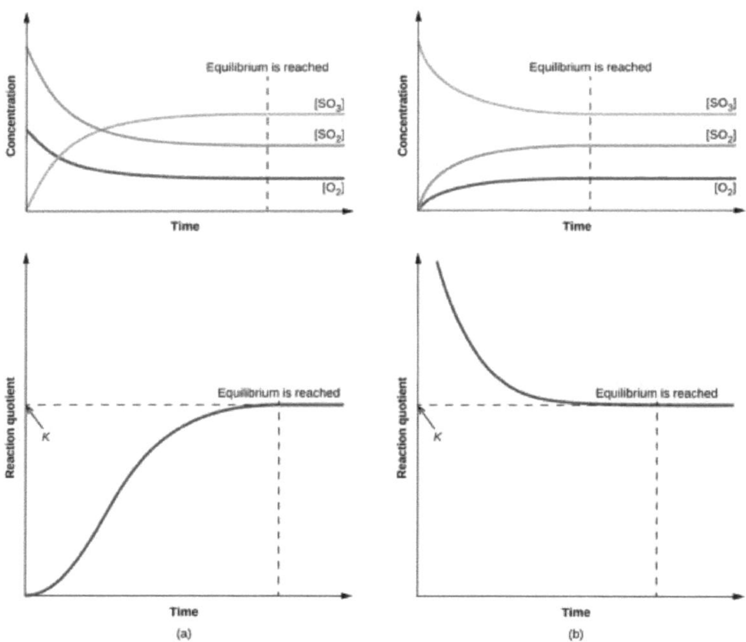

Figura-1.3: Alterações nas concentrações e Q_c para um equilíbrio químico obtido a partir de (a) apenas a mistura de reagentes e (b) apenas os produtos.

Por definição, a magnitude da constante de equilíbrio reflecte claramente a composição da mistura de reação no equilíbrio e pode ser interpretada em termos do grau de reação promovido. As reacções que apresentam uma grande K atingem o equilíbrio quando a maioria dos reagentes foi convertida em produtos, enquanto uma pequena K indica que o equilíbrio foi atingido com pouca conversão dos reagentes. É importante notar que a magnitude de K não indica a rapidez ou lentidão com que o equilíbrio é atingido. Alguns equilíbrios atingem o equilíbrio quase instantaneamente, enquanto outros atingem o equilíbrio tão lentamente que nenhuma mudança percetível é observada, mesmo que leve dias, anos ou mais.

A constante de equilíbrio de uma reação pode ser utilizada para prever o comportamento de uma mistura que contenha os reagentes e os seus produtos. Como demonstrado no processo de oxidação do dióxido de enxofre descrito acima, as reacções químicas também se processam em qualquer direção necessária para atingir o equilíbrio. Ao comparar Q e K para o sistema de equilíbrio desejado, a reação (direta ou inversa), se existir, pode ser prevista.

Um equilíbrio homogéneo é aquele em que todos os reagentes e produtos (e o catalisador, se presente) se encontram na mesma fase. De acordo com esta definição, o equilíbrio homogéneo ocorre em solução. Os equilíbrios heterogéneos envolvem reagentes e produtos em duas ou mais fases diferentes. Os líquidos e os sólidos são omitidos nas equações das constantes K e Q.

Um sistema em equilíbrio encontra-se num estado de equilíbrio dinâmico, com reacções para a frente e para trás a ocorrerem a taxas iguais. Quando um sistema em equilíbrio é sujeito a uma alteração das condições (stress) que afecta estas taxas de reação, as taxas de reação deixam de ser iguais e o sistema deixa de estar em equilíbrio. O sistema sofre então uma reação líquida no sentido da taxa mais rápida (deslocamento) e o equilíbrio é restaurado novamente. Este fenómeno é resumido pelo princípio de Le Chatelier: quando se aplica pressão a um sistema em equilíbrio, o sistema reage à pressão e desloca-se, restabelecendo o equilíbrio.

A velocidade da reação é principalmente afetada pela concentração, descrita pela lei das velocidades de reação, e pela temperatura, descrita pela equação de Arrhenius. Portanto, as mudanças na concentração e na temperatura são as duas forças que alteram o equilíbrio. Quando um sistema em equilíbrio sofre uma alteração na concentração de uma espécie reagente ou produto, a velocidade da reação direta ou inversa altera-se. Se forem adicionados reagentes (aumentando o denominador do quociente da reação) ou se forem removidos produtos (diminuindo o numerador), $Q_c < K_c$ e o equilíbrio deslocar-se-á para a direita. A mesma lógica pode ser aplicada a tendências que envolvam a remoção de reagentes ou a adição de produtos, pelo que $Q_c > K_c$ e o equilíbrio desloca-se para a esquerda.

Uma mudança na pressão parcial de um reagente **(Figura-1.4)** ou de um produto é essencialmente uma mudança na concentração e produz o mesmo efeito no equilíbrio. Para além da adição ou remoção de reagentes ou produtos, a pressão (concentração) de uma espécie em equilíbrio na fase de vapor também pode ser alterada através da alteração do volume ocupado pelo sistema. Uma vez que todas as espécies químicas em equilíbrio na fase de vapor ocupam o mesmo volume, uma alteração no volume causará a mesma alteração na concentração tanto para os reagentes como para os produtos. Para determinar o tipo de alteração que este tipo de tensão provoca, é necessário considerar a estequiometria da reação (estequiometria).

De acordo com a lei da ação das massas, um equilíbrio que é pressionado por uma alteração na concentração desloca-se para o equilíbrio sem alterar o valor da constante de equilíbrio K. No entanto, se o equilíbrio se desloca em resposta a alterações na temperatura, o equilíbrio é restaurado por uma composição relativa diferente e a constante de equilíbrio apresenta valores diferentes.

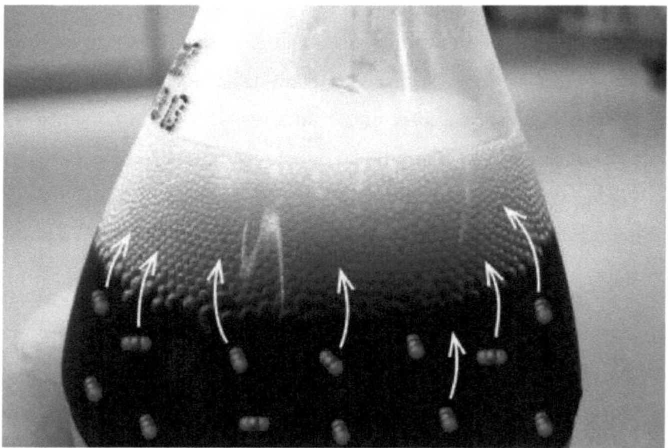

Figura-1.4: A abertura de uma garrafa de refrigerante reduz a pressão de CO_2 acima da bebida, alterando o equilíbrio de dissolução e libertando o CO_2 dissolvido da bebida.

Assume-se que a constante de equilíbrio é uma função matemática das constantes de velocidade das reacções direta e inversa. Uma vez que a constante de velocidade da reação varia com a temperatura, tal como explicado pela equação de Arrhenius, é lógico que a constante de equilíbrio também varia com a temperatura (assumindo que a constante de velocidade da reação é afetada num grau diferente por alterações na temperatura) **(Figura 1.5)**. Para reacções mais complexas que envolvem mecanismos de reação com várias etapas, existe uma relação matemática semelhante, mas mais complexa, entre a constante de equilíbrio e as constantes de velocidade para cada etapa do mecanismo. Independentemente da complexidade da reação, a dependência da constante de equilíbrio em relação à temperatura permanece a mesma.

A forma mais simples de prever alterações no equilíbrio em resposta a alterações de temperatura é observar as alterações na entalpia de reação.

Um aumento da temperatura nas reacções endotérmicas é equivalente a um aumento da quantidade de reagente, uma vez que o calor é considerado um reagente da reação, pelo que o equilíbrio se desloca para a direita. A diminuição da temperatura do sistema desloca o equilíbrio para a esquerda. Nos processos exotérmicos, observa-se uma dependência inversa da temperatura, uma vez que o calor é considerado um produto da reação.

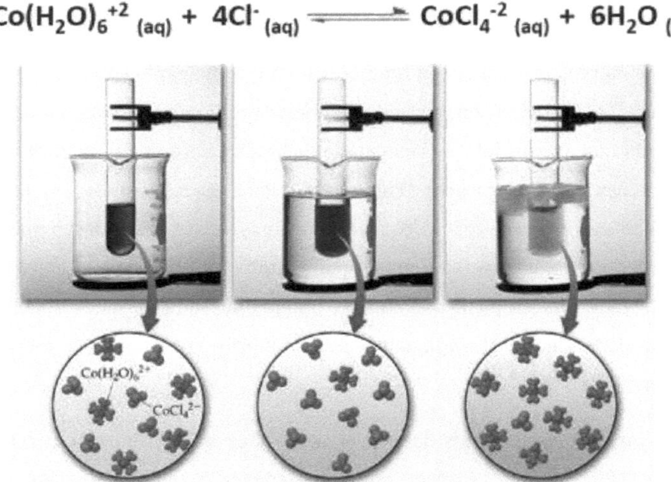

$$Co(H_2O)_6^{+2}{}_{(aq)} + 4Cl^-{}_{(aq)} \rightleftharpoons CoCl_4^{-2}{}_{(aq)} + 6H_2O_{(l)}$$

Figura-1.5: Deslocamento da posição de equilíbrio da reação de hexa-hidrato de cobalto com iões cloreto com a mudança de temperatura.

3. Parte experimental

Objectivos da experiência:

O objetivo desta experiência é estudar o efeito da concentração e da temperatura em sistemas homogéneos de equilíbrio químico.

Materiais e dispositivos necessários:

→ Solução aquosa de tiocianato de amónio ($NH_4\,SCN$) concentração C = 0,1 M

→ Solução aquosa de tricloreto de ferro ($FeCl_3$) concentração C = 0,1 M

→ Solução aquosa de dicloreto de estanho ($SnCl_2$) concentração C = 0,1 M

→ Solução aquosa de dicloreto de mercúrio ($HgCl_2$) concentração C = 0,1 M

→ Solução aquosa de dicloreto de cobalto ($CoCl_2$) concentração C = 0,1 M

→ Solução aquosa de ácido clorídrico (HCl) com um teor de 25% p/p e densidade d = 1,10 g / ml

→ Cloreto de amónio (NH_4Cl)

→ Libra

→ Vidro de relógio

→ Espátulas de plástico e de vidro

→ Copos

→ Balões volumétricos

→ Funil de vidro

→ Enchimento de sifões e vertedores

→ Pipetas Pasteur e poir

→ Tubos de ensaio e suportes

→ Placa de aquecimento, banho de água e banho de gelo

Procedimento experimental:

A. Preparação de uma solução aquosa de tiocianato de amónio (NH_4SCN)

Em primeiro lugar, calcula-se a quantidade de tiocianato de amónio sólido (NH_4SCN), de modo a preparar 50 mL de uma solução aquosa de NH_4SCN com uma concentração de 0,1 M. Em seguida, esta quantidade é pesada e cuidadosamente introduzida num copo de 100 mL e dissolvida numa pequena quantidade de água desionizada (H_2O). Em seguida, essa quantidade é transferida com o auxílio do funil de vidro para o balão volumétrico de 50 mL. É de notar que o copo é lavado duas vezes com água desionizada e as águas de lavagem são também transferidas para o balão volumétrico. Com a ajuda de uma pipeta Pasteur, o balão volumétrico é completado até à marca com H_2O. Finalmente, tapa-se o balão volumétrico e agita-se para dissolver completamente o sal e homogeneizar a sua solução.

B. Preparação de uma solução aquosa de tricloreto de ferro ($FeCl$)₃

Em primeiro lugar, calcula-se a quantidade de tricloreto de ferro sólido ($FeCl_3$), para preparar 50 mL de uma solução aquosa de $FeCl_3$ com uma concentração de 0,1 M. Depois, esta quantidade é pesada e cuidadosamente introduzida num copo de 100 mL e dissolvida numa pequena quantidade de água desionizada (H_2O). De seguida, esta quantidade é transferida com a ajuda do funil de vidro para o balão volumétrico de 50 mL. É de notar que o copo é lavado duas vezes com água desionizada e as águas de lavagem são também transferidas para o balão volumétrico. Com a ajuda de uma pipeta Pasteur, o balão volumétrico é completado até à marca com H_2O. Finalmente, tapa-se o balão volumétrico e agita-se para dissolver completamente o sal e homogeneizar a sua solução.

C. Preparação de uma solução aquosa de dicloreto de estanho ($SnCl_2$)

Em primeiro lugar, calcula-se a quantidade de dicloreto estanoso sólido ($SnCl_2$), de modo a preparar 50 mL de uma solução aquosa de $SnCl_2$ com uma concentração de 0,1 M. Em seguida, esta quantidade é pesada e cuidadosamente introduzida num copo de 100 mL e dissolvida numa pequena quantidade de água desionizada (H_2O). Em seguida, essa quantidade é transferida com o auxílio do funil de vidro para o balão volumétrico de 50 mL. É de notar que o copo é lavado duas vezes com água desionizada e as águas de lavagem são também transferidas para o balão volumétrico. Com a ajuda de uma pipeta Pasteur, o balão volumétrico é completado até à marca com H_2O. Finalmente, tapa-se o balão volumétrico e agita-se para dissolver completamente o sal e homogeneizar a sua solução.

D. Preparação de uma solução aquosa de dicloreto de mercúrio ($HgCl_2$)

Em primeiro lugar, calcula-se a quantidade de dicloreto de mercúrio sólido ($HgCl_2$), para preparar 50 mL de uma solução aquosa de $HgCl_2$ com uma concentração de 0,1 M. Depois, esta quantidade é pesada e cuidadosamente introduzida num copo de 100 mL e dissolvida numa pequena quantidade de água desionizada (H_2O). Em seguida, essa quantidade é transferida com o auxílio do funil de vidro para o balão volumétrico de 50 mL. É de notar que o copo é lavado duas vezes com água desionizada e as águas de lavagem são também transferidas para o balão volumétrico. Com a ajuda de uma pipeta Pasteur, o balão volumétrico é completado até à marca com H_2O. Finalmente, tapa-se o balão volumétrico e agita-se para dissolver completamente o sal e homogeneizar a sua solução.

E. Preparação de uma solução aquosa de dicloreto de cobalto ($CoCl_2$)

Em primeiro lugar, calcula-se a quantidade de dicloreto de cobalto sólido ($CoCl_2$), para preparar 50 mL de uma solução aquosa de $CoCl_2$ com uma concentração de 0,1 M. Em seguida, esta quantidade é pesada e cuidadosamente introduzida num copo de 100 mL e dissolvida numa pequena quantidade de água desionizada (H_2O). Em seguida, essa quantidade é transferida com o auxílio do funil de vidro para o balão volumétrico de 50 mL. É de notar que o copo é lavado duas vezes com água desionizada e as águas de lavagem são também transferidas para o balão volumétrico. Com a ajuda de uma pipeta Pasteur, enche-se o balão volumétrico com H_2O até à marca. Finalmente, tapa-se o balão volumétrico e agita-se para dissolver completamente o sal e homogeneizar a sua solução.

F. Estudo do efeito da concentração no equilíbrio químico de um sistema homogéneo

Num copo de 100 ml, adicionar 1 ml de uma solução aquosa de tricloreto de ferro ($FeCl_3$) com uma concentração de 0,1 M e 2 ml de uma solução aquosa de tiocianeto de amónio (NH_4SCN) com uma concentração de 0,1 M. Uma vez misturadas as soluções, restabelece-se o equilíbrio correspondente. A mistura de equilíbrio é diluída por adição de água desionizada, de modo a poder observar alterações na cor da solução com maior ou menor intensidade (volume final de cerca de 50 ml). Adicionam-se 5 ml da solução acima referida a 6 tubos de ensaio numerados.

Nos tubos 1-6, são feitas as seguintes adições e as observações correspondentes são registadas **(Quadro-1.1)**.

- No tubo 1: Não se efectua qualquer adição. A solução do tubo 1 é mantida para efeitos de comparação com os restantes tubos.
- No tubo 2: 1-2 ml de uma solução aquosa de tricloreto de ferro ($FeCl_3$) com uma concentração de 0,1 M são adicionados gota a gota.
- No tubo 3: 1-2 ml de uma solução aquosa de tiocianato de amónio (NH_4SCN) com uma concentração de 0,1 M são adicionados gota a gota.
- No tubo 4: 1-2 ml de uma solução aquosa de dicloreto de estanho ($SnCl_2$) com uma concentração de 0,1 M são adicionados gota a gota.
- No tubo 5: 1-2 ml de uma solução aquosa de dicloreto de mercúrio ($HgCl_2$)

com uma concentração de 0,1 M são adicionados gota a gota.

- No tubo 6: são adicionados 0,2 - 0,5 g de cloreto de amónio sólido (NH_4Cl).

Tabela- 1.1: Registo das alterações nos tubos de ensaio 1 - 6.

Tubo	Adição	Cor	Alteração da posição de equilíbrio
1	Nenhum		
2	1-2 ml de $FeCl_3$, C = 0,1M		
3	1-2 ml NH_4 SCN, C = 0,1M		
4	1-2 ml de $SnCl_2$, C = 0,1 M		
5	1-2 ml de $HgCl_2$, C = 0,1 M		
6	0,2 - 0,5 g de NH sólido$_4$ Cl		

G. Estudo do efeito da temperatura no equilíbrio químico de um sistema homogéneo

Introduzem-se num tubo de ensaio 5 ml de uma solução aquosa de dicloreto de cobalto ($CoCl$)$_2$ com uma concentração de 0,1 M . Nesta solução predomina o complexo $[Co(H_2 O)_6^{+2}]$ e, por isso, a cor da solução é rosa. Em seguida, adiciona-se gota a gota uma solução concentrada de ácido clorídrico (HCl), até que a cor da solução se torne violeta. A solução resultante é dividida em 3 novos tubos de ensaio.

Nos tubos 1-3, são feitas as seguintes alterações e as observações correspondentes são registadas **(Quadro 1.2)**.

- No tubo 1: não se regista qualquer alteração. A solução do tubo 1 é mantida para efeitos de comparação com os restantes tubos.
- No tubo 2: A solução é aquecida numa placa de aquecimento com um banho de água.

- No tubo 3: A solução é arrefecida num banho de gelo.

Tabela-1.2: Registo das alterações nos tubos de ensaio 1 - 3.

Tubagem	Efeito	Cor	Alteração da posição de equilíbrio
1	Nenhum		
2	Aquecimento		
3	Arrefecimento		

Reacções-Propriedades-Observações:

1) A reação entre o tricloreto de ferro (FeCl₃) e o tiocianato de amónio (NH₄ SCN) é a seguinte

$$FeCl_{3\,(aq)} + 6NH_4SCN_{(aq)} \rightleftharpoons (NH_4)_3[Fe(SCN)_6]_{(aq)} + 3NH_4Cl_{(aq)}$$

$$FeCl_{4\,(aq)}^{-} + 6SCN^{-}{}_{(aq)} \rightleftharpoons [Fe(SCN)_6]^{+3}{}_{(aq)} + 3Cl^{-}{}_{(aq)}$$

2) A reação entre o tricloreto de ferro (FeCl₃) e o dicloreto de estanho (SnCl₂) é a seguinte

$$FeCl_{3\,(aq)} + SnCl_{2\,(aq)} \rightleftharpoons FeCl_{2\,(aq)} + SnCl_{4\,(aq)}$$

$$2Fe^{+3}{}_{(aq)} + Sn^{+2}{}_{(aq)} \rightleftharpoons 2Fe^{+2}{}_{(aq)} + Sn^{+4}{}_{(aq)}$$

3) A reação entre o dicloreto de mercúrio (HgCl₂) e o tiocianato de amónio (NH₄ SCN) é a seguinte

$$HgCl_{2\,(aq)} + 2NH_4SCN_{(aq)} \rightleftharpoons Hg(SCN)_{2(aq)} + 2NH_4Cl_{(aq)}$$

$$Hg^{+2}{}_{(aq)} + 2SCN^{-}{}_{(aq)} \rightleftharpoons Hg(SCN)_{2(aq)}$$

4) A reação entre o dicloreto de cobalto (CoCl₂) e o ácido clorídrico (HCl) é a seguinte

$$[Co(H_2O)_6]^{+2}_{(aq)} + 4Cl^-_{(aq)} \rightleftharpoons CoCl_4^{-2}_{(aq)} + 6H_2O_{(l)}$$
(Cor-de-rosa) (Cor azul)

5) A tabela seguinte **(Tabela-1.3)** apresenta as propriedades físicas dos reagentes e produtos da presente experiência.

Tabela-1.3: Propriedades físicas dos compostos.

Composto	Peso molecular (gr/mol)	Ponto de ebulição (° C)	Ponto de fusão (° C)	Densidade (gr/ml)
NH₄ SCN	76.12	170.0	149.5	1.305
FeCl₃	162.20	316.0	307.6	2.90 0
SnCl₂	189.60	623.0	247.0	3.950
HgCl₂	271.52	304.0	276.0	5.430
NH₄ Cl	53.49	520.0	338.0	1.519
CoCl₂	129.84	1049.0	726.0	3.356
HCl	36.46	110.0	-27.3	1.100

4. Perguntas

1. Escreve em pormenor os cálculos para encontrar as quantidades necessárias das substâncias para preparar as soluções.

2. Quais são as medidas de proteção necessárias para a preparação das soluções?

3. Escreve as tuas observações durante o processo experimental.

4. Completar os quadros correspondentes às experiências efectuadas.

5. Escreva e justifique a direção do deslocamento da posição de equilíbrio nos tubos de ensaio 1 - 6.

6. Escreva as equações químicas das reacções que ocorrem nos tubos de ensaio 1 - 6.

7. Escreva e justifique a direção do deslocamento da posição de equilíbrio nos tubos de ensaio 1 - 3.

8. Escreva as equações químicas das reacções que ocorrem nos tubos de ensaio 1 - 3.

9. A reação que ocorre nos tubos de ensaio 1 - 3 é endotérmica ou exotérmica? Justifique.

5. Bibliografia

1. Atkins, PW **(1993)**. The Elements of Physical Chemistry (3^{ed}). Oxford University Press.

2. Bailyn, M. **(1994)**. A Survey of Thermodynamics, American Institute of Physics Press, Nova Iorque, ISBN 0-88318-797-3.

3. Callen, HB **(1960/1985)**. Thermodynamics and an Introduction to Thermostatistics, (1st edition 1960) (2nd edition 1985), Wiley, New York, ISBN 0-471-86256-8.

4. Münster, A. **(1970)**, Classical Thermodynamics, traduzido por ES Halberstadt, Wiley- Interscience, Londres, ISBN 0-471-62430-6.

5. Prigogine, I., Defay, R. **(1950/1954)**. Chemical Thermodynamics, traduzido por DH Everett, Longmans, Green & Co, Londres.

6. Samuelson, Paul A. **(1983)**. Foundations of Economic Analysis. Harvard University Press. ISBN 0-674-31301-1.

7. Van Zeggeren, F.; Storey, SH **(1970)**. The Computation of Chemical Equilibria. Cambridge University Press. Principalmente no que respeita aos equilíbrios em fase gasosa.

8. Leggett, DJ, **(1985)**. Computational Methods for the Determination of Formation Constants (Métodos Computacionais para a Determinação de Constantes de Formação). Plenum Press.

9. Martell, AE; Motekaitis, RJ **(1992)**. The Determination and Use of Stability Constants (Determinação e Utilização de Constantes de Estabilidade). Wiley-VCH.

2

Chemical kinetics

Chemical kinetics investigates how different experimental conditions can affect the rate of a chemical reaction and gives information about the reaction mechanism and transition states.

1. Introdução

A cinética química, também conhecida como cinética das reacções químicas, é o estudo das velocidades das reacções químicas. A cinética química investiga a forma como diferentes condições experimentais afectam as velocidades das reacções químicas, fornecendo informações sobre os mecanismos de reação e os estados de transição, bem como modelos matemáticos que podem descrever as propriedades das reacções químicas.

Em 1864, Peter Waage e Cato Guldberg apresentaram a lei da ação das massas, que afirma que a velocidade de uma reação química é proporcional à quantidade de reagente, sendo pioneiros no desenvolvimento da cinética química.

A cinética química trata da determinação experimental das velocidades de reação, a partir da qual se derivam as leis e constantes de velocidade - para reacções de ordem zero (em que a velocidade de reação é independente da concentração) existem leis de velocidade relativamente simples. Para as reacções de primeira e segunda ordem, as leis de velocidade são diferentes. As reacções simples, ou seja, as que ocorrem numa única etapa, obedecem à lei da ação das massas. No entanto, as leis para reacções complexas que ocorrem em várias etapas devem ser derivadas de uma combinação das leis das etapas elementares individuais, que podem ser muito complexas. Nas reacções contínuas, a velocidade da etapa mais lenta determina frequentemente a velocidade da reação.

A energia de ativação de uma reação é determinada experimentalmente a partir das equações de Arrhenius e Eyring. Os principais factores que afectam a velocidade da reação incluem o estado físico dos reagentes, a concentração dos reagentes, a temperatura a que a reação ocorre e a presença ou não de um catalisador na reação.

2. Teoria

A combustão do butano, C_4H_{10}, é uma reação muito rápida. Por outro lado, o enferrujamento do ferro atmosférico (conversão do Fe em Fe_2O_3) é uma reação muito lenta e, na maioria dos casos, queremos que seja uma reação ainda mais lenta. Há também reacções muito mais lentas, tão lentas que praticamente "não acontecem". Um ramo especial da físico-química lida com estes fenómenos, a cinética química. Mais especificamente, a cinética química estuda:

a) A rapidez ou a lentidão com que uma reação ocorre, ou seja, a velocidade a que os reagentes são transformados em produtos (velocidade de reação).

b) Os factores que afectam a velocidade de uma reação química.

c) Quaisquer etapas intermédias ou reacções elementares que se seguem a uma reação para passar dos reagentes aos produtos (mecanismo da reação).

<u>Teoria do impacto</u>

Comecemos pelo "óbvio": para que duas moléculas reajam, têm de colidir uma com a outra, quebrando as ligações antigas dos reagentes e formando novas ligações correspondentes aos produtos. Esta é a ideia central da teoria das colisões, que foi formulada em 1888 pelo químico sueco Svante Arrhenius. De acordo com a teoria das colisões, para que as colisões entre moléculas reagentes sejam eficazes (ou seja, conduzam a uma reação), as moléculas reagentes devem ter a energia (cinética) e a orientação correctas.

Mas qual é a orientação adequada num conflito? Consideremos a seguinte reação química:

$$CO_{(g)} + N\tilde{A}O_{2(g)} \rightarrow CO_{2(g)} + N\tilde{A}O_{(g)}$$

que requer a colisão de moléculas de CO com moléculas de NO_2. Se a colisão for efectuada da seguinte forma, não pode ser eficaz, uma vez que não facilita a ligação do átomo de C com um átomo de O adicional de NO_2 **(Figura-2.1)**.

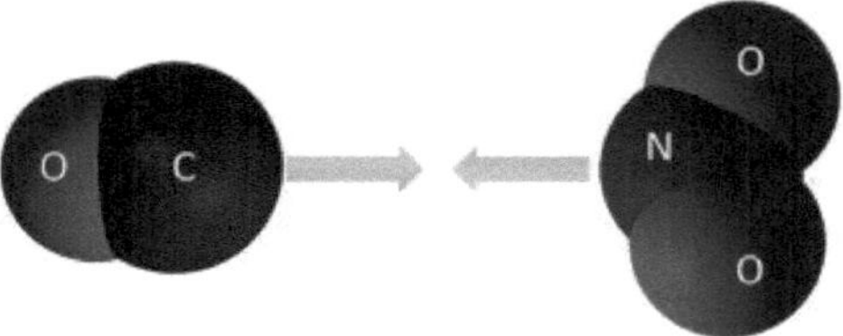

Figura-2.1: Impacto ineficiente entre CO e NO₂ .

Pelo contrário, a colisão que se segue pode ser eficaz, uma vez que o átomo de C do CO colide com um átomo de O do NO₂ **(Figura-2.2)**.

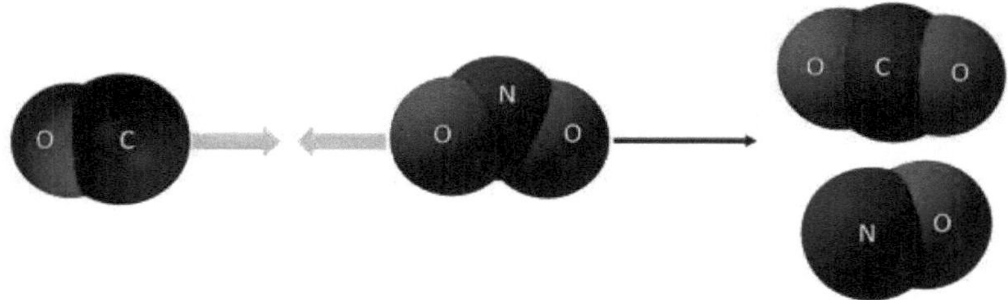

Figura-2.2: Impacto efetivo entre o CO e o NO₂ .

O que significa ação apropriada? Significa que as moléculas que reagem devem saltar uma "barreira" de energia cinética para que a colisão resulte numa reação.

O valor mínimo da energia cinética dos reagentes necessário para que uma colisão seja efectiva é designado por energia de ativação (E_a) e ocorre independentemente de a reação ser endotérmica ou exotérmica.

Teoria do estado de transição

De acordo com a teoria do estado de transição, os reagentes, após colisão, absorvem a energia de ativação E_a e formam uma partícula instável de alta energia, o complexo ativado, que decai rapidamente para formar os produtos ou os corpos iniciais (reagentes). Os diagramas de energia para uma reação exotérmica, da forma $A + B \rightarrow C + D$, bem como para a sua inversão, $C + D \rightarrow A + B$ (reação endotérmica) são dados nos diagramas seguintes **(Figura-2.3)**.

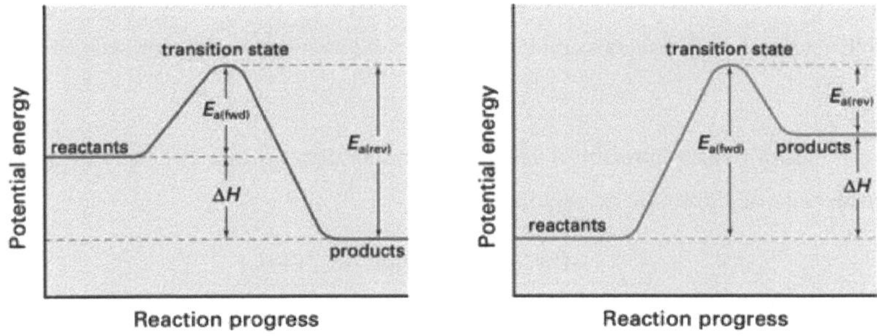

Figura-2.3: Diagramas energéticos de uma reação A + B → C + D e da reação inversa.

A energia de ativação de uma reação é a "barreira cinética" para passar dos reagentes aos produtos. Assim, quanto maior for a energia de ativação, menor será a taxa de reação.

Definir a velocidade de uma reação química

A velocidade de uma reação é a velocidade de conversão dos reagentes em produtos. Obviamente, as concentrações dos reagentes diminuem com o tempo, enquanto as concentrações dos produtos aumentam. Por exemplo, para a reação:

$$N_{2(g)} + 3H_{2(g)} \rightarrow 2NH_{3(g)}$$

A taxa de consumo de N_2 e H_2, bem como a taxa de produção de NH_3 podem ser dadas, respetivamente, pelas relações,

$$U_{N_2} = -\frac{\Delta[N_2]}{\Delta t}, U_{H_2} = -\frac{\Delta[H_2]}{\Delta t}, U_{NH_3} = -\frac{\Delta[NH_3]}{\Delta t}$$

sendo $[N_2]$ a concentração de N_2 e $\Delta[N_2]$ a variação da concentração de N_2 num intervalo de tempo Δt (respetivamente para os outros corpos da reação). As mudanças nas concentrações dos reagentes são negativas e o sinal (-) é inserido nelas para que as quantidades correspondentes sejam positivas. Como x mol de N_2 reage com 3x mol de H_2 produzindo 2x mol de NH_3, aplica-se o seguinte:

$$U_{H_2} = 3U_{N_2} \text{ e } U_{NH_3} = 2U_{N_2}$$

Verifica-se que a taxa de diminuição de [H_2] é 3 vezes a taxa de diminuição de [N_2], enquanto a taxa de aumento de [NH_3] é 2 vezes a taxa de diminuição de [N].$_2$

Para a reação anterior, a velocidade média durante um intervalo de tempo considerado Δt é definida do seguinte modo

$$U = -\frac{\Delta[N_2]}{\Delta t} = -\frac{1}{3}\frac{\Delta[H_2]}{\Delta t} = \frac{1}{2}\frac{\Delta[NH_3]}{\Delta t}$$

Em termos mais gerais, a velocidade média da reação $\alpha A + bB \rightarrow cC + dD$ (α, b, c, d: coeficientes), durante um período de tempo Δt, é expressa da seguinte forma

$$U = -\frac{1}{a}\frac{\Delta[A]}{\Delta t} = -\frac{1}{b}\frac{\Delta[B]}{\Delta t} = \frac{1}{c}\frac{\Delta[C]}{\Delta t} = \frac{1}{d}\frac{\Delta[D]}{\Delta t}$$

No que diz respeito às unidades de velocidade de reação, a partir da definição acima de velocidade de reação, a unidade é mol-L^{-1}-s^{-1} ou 1 M-s^{-1}. Para as reacções mais lentas, é também utilizada a unidade M-min^{-1}. É importante notar que: 1 mol-L^{-1}-s^{-1} = 60 mol-L^{-1}-min^{-1}.

A expressão matemática para a velocidade instantânea de uma reação química da forma geral: $\alpha A + bB \rightarrow cC + dD$, para um certo tempo t, é a seguinte

$$U = -\frac{1}{a}\frac{d[A]}{dt} = -\frac{1}{b}\frac{d[B]}{dt} = \frac{1}{c}\frac{d[C]}{dt} = \frac{1}{d}\frac{d[D]}{dt}$$

em que d[A], d[B], d[C] e d[D] são variações infinitesimais das concentrações correspondentes numa variação infinitesimal dt do tempo no tempo t.

<u>Factores que afectam a velocidade de uma reação química</u>

Os principais factores que afectam a velocidade de uma reação química são os seguintes:

A. Natureza dos reagentes

As taxas de reação variam consoante os reagentes. As reacções ácido-base (neutralização), a formação de sais e a troca iónica (reacções de duplo deslocamento) são reacções rápidas. Quando se formam ligações covalentes entre moléculas, formam-se moléculas maiores e as reacções tendem a ser muito lentas. A natureza das moléculas reagentes afecta significativamente a taxa de conversão em produto.

B. Condição física

O estado físico dos reagentes (sólido, líquido ou gasoso) é também um fator importante na taxa de variação. Quando os reagentes se encontram na mesma fase, como nas soluções aquosas (reacções homogéneas), entram em contacto através do movimento térmico. No entanto, se estiverem em fases diferentes (reacções heterogéneas), a reação é limitada às superfícies de contacto entre as fases reagentes. No caso dos líquidos e dos gases, as reacções só podem ter lugar no seu contacto, ou seja, na superfície do líquido. Para completar a reação, é necessário agitar e agitar vigorosamente. Isto porque quanto mais fino for o reagente sólido ou líquido (quanto maior for a área de superfície por unidade de volume), maior será o contacto com o outro reagente e mais rápida será a reação.

Por exemplo, o fogo progride rapidamente, quase de forma explosiva, com um pedaço de madeira ou um ramo, mas dificilmente começa com um grande tronco. Na química orgânica, o solvente em que os reagentes estão dissolvidos desempenha um papel importante, e as reacções homogéneas ocorrem mais rapidamente do que as reacções heterogéneas.

C. Concentração

As reacções ocorrem quando as espécies, moléculas ou iões que reagem colidem com sucesso. A frequência com que as moléculas ou iões colidem depende da sua concentração. Quanto mais densas forem as fases moleculares, maior será a probabilidade de as moléculas colidirem e reagirem umas com as outras. Por conseguinte, se a concentração do reagente aumentar, a velocidade da reação aumenta proporcionalmente - inversamente, se a concentração diminuir, acontece o contrário. Por exemplo, a combustão que tem lugar no ar (21% de concentração de oxigénio) tem lugar muito mais rapidamente em oxigénio puro.

D. Temperatura

A temperatura tem normalmente um efeito significativo na velocidade das reacções químicas. As moléculas a temperaturas mais elevadas têm mais energia térmica e movem-se a um ritmo mais rápido. Embora a frequência das colisões seja maior a temperaturas mais elevadas, a contribuição das colisões para o aumento da velocidade de reação é insignificante. O fator determinante é a intensidade do conflito. Ou seja, se as moléculas em colisão chocam com força suficiente para quebrar as ligações entre os átomos, deixando-os livres ou fracamente ligados e formando novas ligações. Esta energia é designada por energia de ativação (E_a). A maioria das colisões moleculares é ineficiente. Por isso, o que é muito importante é a percentagem de moléculas reagentes com energia suficiente para reagir (energia superior à energia de ativação: $E > E_a$). Esta taxa aumenta com o aumento da temperatura, tal como é descrito na distribuição Maxwell-Boltzmann da energia molecular térmica.

A "lei" de que a taxa de reacções químicas duplica por cada 10 °C de aumento de temperatura é um equívoco comum. Trata-se de uma generalização dimensional do caso especial dos sistemas biológicos, em que α (o coeficiente de temperatura na equação de Arrhenius) se situa frequentemente entre 1,5 e 2,5.

O efeito da temperatura na cinética da reação também pode ser estudado pela técnica do "salto de temperatura". Esta técnica utiliza um aumento rápido da temperatura e mede o tempo de relaxamento para atingir o equilíbrio. Um dispositivo particularmente útil para os "saltos de temperatura" é um tubo no qual a temperatura do gás é rapidamente aumentada em mais de 1000 graus Celsius.

E. Catalisadores

Um catalisador é uma substância que acelera uma reação química, mas que não é alterada quimicamente após a reação. Os catalisadores aumentam as velocidades das reacções ao fornecerem um mecanismo de reação diferente que pode ser realizado com energias de ativação mais baixas **(Figura 2.4)**. Na autocatálise, o próprio produto da reação é o catalisador da reação, conduzindo a um feedback positivo. As proteínas que actuam como catalisadores nas reacções são designadas por enzimas bioquímicas. A cinética de Michaelis-Menten descreve a velocidade das reacções mediadas por enzimas. A catálise não afecta a posição de equilíbrio químico. Isto deve-se ao facto de a catálise acelerar igualmente as reacções em ambas as direcções.

Para algumas moléculas orgânicas, certos substituintes podem afetar mais a velocidade da reação em que o grupo vizinho está envolvido do que o próprio substituinte.

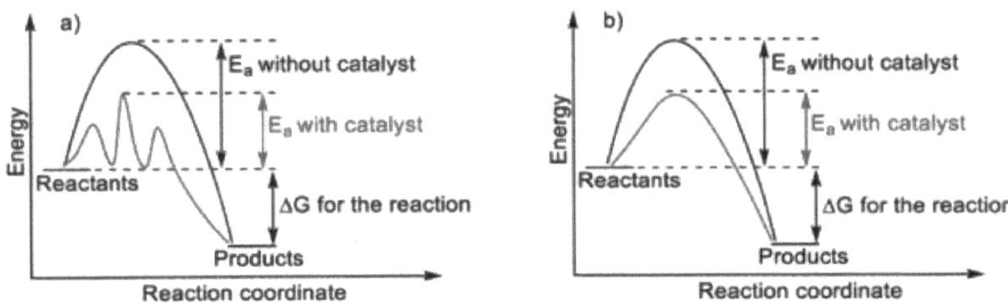

Figura-2.4: Diagramas energéticos de uma reação sem e com a utilização de um catalisador.

F. Pressão

O aumento da pressão no gás de reação aumenta o número de colisões entre os reagentes e aumenta a velocidade da reação. Isto acontece porque a concentração do gás é diretamente proporcional à pressão parcial do gás. Isto é semelhante ao efeito do aumento da concentração de uma solução.

Para além deste simples efeito devido a alterações na concentração na "lei da ação das massas", em que o coeficiente de velocidade permanece o mesmo, também pode variar com a pressão. Os coeficientes de velocidade de muitas reacções na fase gasosa quente podem ser alterados quando um gás inerte é adicionado a uma mistura gasosa de reagentes. Este fenómeno é também conhecido como ativação química. Estes fenómenos são devidos a reacções exotérmicas ou endotérmicas que ocorrem mais rapidamente do que a transferência de calor, forçando as moléculas a terem uma distribuição não normal de energia térmica (distribuição não Boltzmann). O aumento da pressão reduz este efeito, aumentando a taxa de transferência de calor entre as moléculas em reação que libertaram energia térmica e o resto do sistema em reação.

A cinética da reação pode também ser estudada pelo método do salto de pressão. Este método consiste em alterar rapidamente a pressão e observar o tempo de relaxamento até se atingir o equilíbrio.

Reacções simples e complexas - Mecanismo de reação

As reacções podem ser divididas em reacções simples (ou elementares) e complexas. As reacções elementares são reacções que não têm etapas intermédias, ou seja, não podem ser decompostas noutras reacções simples. Nestas reacções, todos os objectos envolvidos - reagentes e produtos - são "visíveis" na equação da reação. Ou seja, não existem intermediários que são produzidos numa etapa e regenerados numa etapa subsequente e que não aparecem na equação global. Em muitos casos, a reação não é simples, mas consiste numa série de reacções simples, cuja "soma" dá a equação global. Este conjunto de reacções simples (etapas) é designado por mecanismo de reação. As etapas simples de uma reação também contêm os chamados produtos intermédios. Os produtos intermédios são produzidos numa fase do mecanismo de reação, mas são regenerados numa fase posterior e, obviamente, não correspondem nem a produtos nem a reagentes. Tanto o mecanismo de reação como os produtos intermédios só podem ser determinados experimentalmente.

Lei da velocidade de reação

Na secção anterior, vimos que a velocidade de uma reação depende da concentração dos reagentes. Assim, para cada reação química existe uma equação matemática que relaciona a velocidade da reação com a concentração do reagente. Esta relação matemática é designada por lei da velocidade de reação. Só no caso de reacções particularmente simples é que a velocidade de reação u é proporcional ao produto das concentrações dos reagentes, cada uma das quais é elevada a um fator estequiométrico, que pode ser determinado a partir da Eq. Por exemplo, numa reação simples:

$$A_{(g)} + 2B_{(g)} \rightarrow C_{(g)} \,,$$

é a seguinte: $y = k \cdot [A] \cdot [B]^2$. A constante k é designada por constante de velocidade da reação e o seu valor depende apenas da temperatura (e, claro, da natureza dos reagentes) e não da concentração dos reagentes. No entanto, como a maioria das reacções não são simples, não é possível deduzir uma lei de velocidade a partir da equação da reação. Por conseguinte, as leis das reacções só podem ser deduzidas experimentalmente.

Em geral, na maioria das reacções, a lei da velocidade de reação: $\alpha A + bB \rightarrow cC + dD$ (coeficientes α, b, c e d) tem a forma:

$$y = k \cdot [A]^x \cdot [B]^y$$

Com base na lei de reação acima, a reação é caracterizada como de ordem x em relação ao reagente A e de ordem y em relação a B, enquanto a ordem global da reação é igual a $(x + y)$. No caso em que a reação não é simples, ela será: $x \neq \alpha$ ou $y \neq b$ ou ambos. A constante k chama-se, como já dissemos, constante de velocidade, depende da temperatura e da natureza dos reagentes e é numericamente igual à velocidade da reação, quando as concentrações de cada um dos reagentes são 1 M.

As unidades da constante de velocidade k não são necessariamente as mesmas e dependem da ordem da reação. A determinação experimental da lei da velocidade de reação, ou seja, a dependência da velocidade de reação em relação à concentração do reagente, é muito importante, porque conduz à investigação do mecanismo de reação. Assim, pode ser proposto um mecanismo de reação com base na lei da velocidade de reação determinada experimentalmente.

3. *Parte experimental*

Objectivos da experiência:

O objetivo desta experiência é estudar o efeito da concentração na velocidade de uma reação química.

Materiais e dispositivos necessários:

→ Hidróxido de sódio (NaOH)

→ Glucose $(C_6H_{12}O_6)$

→ Solução aquosa de indicador azul de metileno com um teor de 1% p/v

→ Libra

→ Vidro de relógio

→ Espátulas de plástico e de vidro

→ Copos

→ Balões volumétricos

→ Funil de vidro

→ Pipetas Pasteur e poir

→ Temporizador

Procedimento experimental:

Num balão volumétrico de 500 ml, introduzem-se 300 ml de água desionizada (H_2O), 6 g de hidróxido de sódio (NaOH) e 6 g de glucose ($C\,H\,O_{6126}$). Em seguida, adiciona-se 1 ml de indicador azul de metileno, tapa-se o frasco e agita-se vigorosamente para dissolver todas as substâncias. A solução de reação deve ser azul. Deixa-se o frasco em repouso e regista-se o tempo necessário para a descoloração da solução reacional. Tapar o frasco e registar o tempo necessário para que a solução reacional descolore. Volta-se a tapar o frasco, agita-se vigorosamente e deixa-se em repouso para registar novamente o tempo necessário para a descoloração. No total, este procedimento deve ser efectuado pelo menos 3 vezes para obter resultados fiáveis ao longo do tempo (média). Num segundo balão volumétrico de 500 ml, introduzem-se 300 ml de água desionizada (H_2O), 3 g de hidróxido de sódio (NaOH), 3 g de glucose ($C\,H\,O_{6126}$) e 1 ml de indicador azul de metileno, procedendo-se do mesmo modo. Finalmente, num terceiro balão volumétrico de 500 ml, introduzem-se 300 ml de água desionizada (H_2O), 1 gr de hidróxido de sódio (NaOH), 1 gr de glucose ($C\,H\,O_{6126}$) e 1 ml de indicador azul de metileno, procedendo-se do mesmo modo. As medições dos tempos de descoloração necessários são registadas na tabela seguinte **(Tabela-2.1)**.

Tabela-2.1: Registo do tempo de descoloração nas garrafas 1 - 3.

Garrafa	Tempo 1	Tempo 2	Tempo 3	Média

1			
2			
3			

Reacções-Propriedades-Observações:

1)   A alteração da cor da solução deve-se à reação redox bidirecional do indicador azul de metileno.

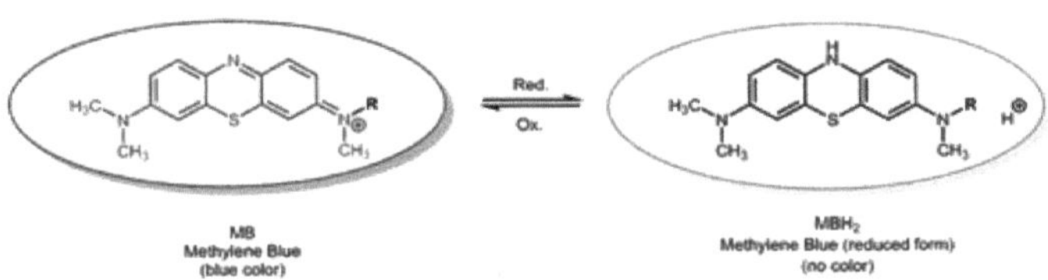

2)   O azul de metileno é um indicador redutor e é incolor em condições de redução, tornando-se azul quando oxidado.

3)   A glucose ($C H O_{6126}$), na presença de hidróxido de sódio (NaOH), reduz o azul de metileno. No entanto, a agitação do frasco ajuda a dissolver o oxigénio e a oxidar o indicador, pelo que este volta a ficar azul **(Figura 2.5)**.

4)   As reacções que ocorrem são as seguintes:

Ao abanar: $O_2 + M \rightarrow M_{ox}$ (passo rápido)

Em repouso: $CH + OH^- \rightleftharpoons C^- + H O_2$

$$M_{ox} + C^- \rightarrow M + X^- \text{ (passo lento)}$$

Onde, M: a forma reduzida (incolor) do azul de metileno

M_{ox} : a forma oxidada (azul) do azul de metileno

    CH: glucose

X^- : os produtos de oxidação da glucose

5)   A velocidade da reação de descoloração é dada pela relação: $U = k[M_{ox}][CH][OH^-]$.

6)   Quando deixamos as soluções em repouso, verificamos que a que tem a maior concentração demora menos tempo a descolorir.

7)   Quando a solução permanece em repouso e descolora, observamos uma fina camada azul na sua superfície. Isto deve-se ao oxigénio presente no ar da garrafa.

8)   Se repetirmos o processo de agitar o frasco algumas vezes, sem retirar a tampa, a solução deixa de ficar azul devido ao esgotamento do oxigénio no frasco.

9)   O processo pode ser repetido várias vezes com a mesma solução, até que um dos reagentes se esgote. O resultado final é uma solução castanha-amarelada que não pode ser reutilizada.

10) A tabela seguinte **(Tabela-2.2)** apresenta as propriedades físicas dos reagentes e produtos da presente experiência.

Tabela-2.2: Propriedades físicas dos compostos.

Composto	Peso molecular (gr/mol)	Ponto de ebulição (^{o}C)	Ponto de fusão (^{o}C)	Densidade (gr/ml)
$C\,H\,O_{6126}$	180.16	527.0	146.0	1.540
NaOH	40.00	1388.0	323.0	2.130
Azul de metileno ($C\,H_{1618}\,ClN_3\,S$)	319.85	300.0	190.0	1.230

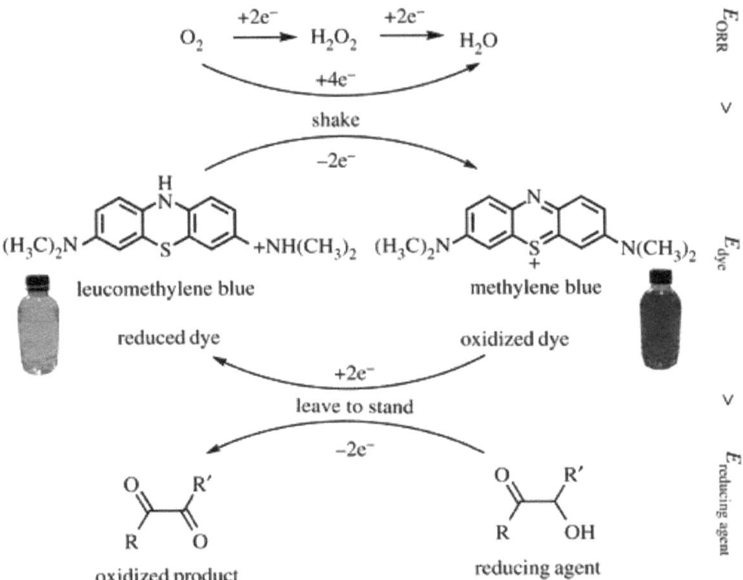

Figura-2.5: Reacções de oxidação e redução do azul de metileno na presença de glucose ($C_6H_{12}O_6$) e hidróxido de sódio (NaOH).

4. Perguntas

1. Escreve as tuas observações durante o processo experimental.

2. Completar a tabela com os tempos de branqueamento necessários.

3. Escreve as equações químicas das reacções que ocorrem.

4. Calcule as concentrações de glucose ($C_6H_{12}O_6$) e de hidróxido de sódio (NaOH) em cada balão de reação.

5. Calcular a concentração de azul de metileno ($C_{16}H_{18}ClN_3S$) em cada balão de reação.

6. Conceba uma experiência semelhante para calcular a constante k da reação que estudou.

5. *Bibliografia*

1. Kerdkaew, Thitipong; Limpanuparb, Taweetham **(2020)**. "O experimento da garrafa azul revisitado: Quanto oxigénio?". Jornal de Educação Química. 97 (4): 1198-1202. doi:10.1021/acs.jchemed.9b01103 . S2CID 216217791.

2. Anderson, Laurence; Wittkopp, Stacy M.; Painter, Christopher J.; Liegel, Jessica J.; Schreiner, Rodney; Bell, Jerry A.; Shakhashiri , Bassam Z. **(2012)**. "O que está acontecendo quando a garrafa azul branqueia: Uma investigação da oxidação da glicose por ar catalisada por azul de metileno". Jornal de Educação Química. 89 (11): 1425-1431. doi:10.1021/ed200511d.

3. Shakhashiri, Bassam Z. **(1985)**. Demonstrações químicas (1st ed.). Madison, Wisconsin: Univ. of Wisconsin Press. pp. 142-143. ISBN 978-0-299-10130-5.

4. Summerlin, Lee R. **(1988)**. Chemical demonstrations (2nd ed.). Washington, DC: American Chem. Society. p. 127. ISBN 9780841214811.

5. Wellman, Whitney E.; Noble, Mark E.; Healy, Tom **(2003)**. "Tornando a garrafa azul mais verde". Jornal de Educação Química. 80 (5): 537. Bibcode:2003 JChEd.. 80..537W. doi:10.1021/ed080p537.

6. Rajchakit, Urawadee; Limpanuparb, Taweetham **(2016)**. "Tornando o semáforo mais verde: Oxidação do ar da vitamina C catalisada por indicadores". Jornal de Educação Química. 93 (8): 1486-1489. Bibcode:2016 JChEd.. 93.1486R. doi:10.1021/acs.jchemed.5b00630.

7. Campbell, Dean J.; Staiger, Felicia A.; Peterson, Joshua P. **(2015)**. "Variações na demonstração da" garrafa azul "usando itens alimentares que contêm FD&C

Blue # 1". Jornal de Educação Química. 92 (10): 1684–1686. doi:10.1021/acs.jchemed.5b00190.

STUDENT NOTES

1ˢᵗ EXPERIMENTAÇÃO

2nd EXPERIMENTAÇÃO

I want morebooks!

Buy your books fast and straightforward online - at one of world's fastest growing online book stores! Environmentally sound due to Print-on-Demand technologies.

Buy your books online at
www.morebooks.shop

Compre os seus livros mais rápido e diretamente na internet, em uma das livrarias on-line com o maior crescimento no mundo! Produção que protege o meio ambiente através das tecnologias de impressão sob demanda.

Compre os seus livros on-line em
www.morebooks.shop

Printed by Books on Demand GmbH, Norderstedt / Germany